歩き楽しむ
飛鳥の植物

城 律男

金壽堂出版

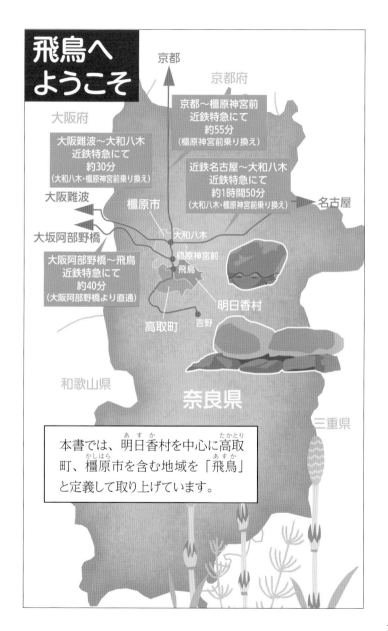

飛鳥へようこそ

京都

京都府

大阪府

京都～橿原神宮前
近鉄特急にて
約55分
（橿原神宮前乗り換え）

大阪難波～大和八木
近鉄特急にて
約30分
（大和八木・橿原神宮前乗り換え）

近鉄名古屋～大和八木
近鉄特急にて
約1時間50分
（大和八木・橿原神宮前乗り換え）

大阪難波

橿原市

名古屋

大坂阿部野橋

大和八木

大阪阿部野橋～飛鳥
近鉄特急にて
約40分
（大阪阿部野橋より直通）

橿原神宮前

飛鳥

明日香村

高取町　吉野

和歌山県

奈良県

三重県

本書では、明日香村を中心に高取
町、橿原市を含む地域を「飛鳥」
と定義して取り上げています。

歩き楽しむ飛鳥(あすか)の植物　もくじ

飛鳥へようこそ …… 1　　　はじめに …… 4

■里地の植物

ヒガンバナ …… 10　　　　カラスムギ …… 31

シロバナタンポポ …… 11　　ミミナグサ …… 32

カンサイタンポポ …… 12　　オランダミミナグサ …… 33

セイヨウタンポポ …… 13　　キクザキリュウキンカ …… 34

オニタビラコ …… 14　　　　イヌノフグリ …… 35

コオニタビラコ …… 15　　　オオイヌノフグリ …… 36

ノゲシ …… 16　　　　　　　タチイヌノフグリ／フラサバソウ … 37

オニノゲシ …… 17　　　　　カワヂシャ …… 38

オオジシバリ …… 18　　　　オオカワヂシャ …… 39

ニガナ …… 19　　　　　　　ムラサキサギゴケ …… 40

タネツケバナ …… 20　　　　ハハコグサ／チチコグサ …… 41

ミチタネツケバナ …… 21　　メリケントキンソウ …… 42

ナズナ …… 22　　　　　　　カタバミ …… 44

マメグンバイナズナ …… 23　オッタチカタバミ／ムラサキカタバミ

セイヨウアブラナ …… 24　　…… 45

セイヨウカラシナ …… 25　　ホトケノザ …… 46

ゲンゲ …… 26　　　　　　　ヒメオドリコソウ …… 47

ウマノアシガタ …… 28　　　マツバウンラン …… 48

キツネノボタン／タガラシ …… 29　キウリグサ／ハナイバナ …… 49

スズメノテッポウ／セトガヤ …… 30　タチツボスミレ …… 50

ノジスミレ／アリアケスミレ …… 51

ブタナ …… 52

スイバ …… 53

ギシギシ …… 54

エゾノギシギシ／アレチギシギシ …… 55

ミヤコグサ …… 56

ニワゼキショウ …… 57

ナルトサワギク …… 58

ナヨクサフジ …… 59

ノアザミ …… 60

キツネアザミ …… 61

ナガミヒナゲシ …… 62

ノボロギク …… 63

ヤブカンゾウ …… 64

■水辺の植物

オランダガラシ …… 66

キショウブ／セリ …… 67

ネコヤナギ …… 68

キヨスミギボウシ …… 70

セキショウ …… 71

■里山の植物

フキ …… 72

イタドリ …… 73

カテンソウ …… 74

ミヤマカタバミ／シロバナショウジョウバカマ … 75

ムラサキケマン／ミヤマキケマン …… 76

クサノオウ …… 77

チゴユリ／ホウチャクソウ …… 78

ムロウテンナンショウ …… 79

シャガ …… 80

ハナイカダ …… 81

モチツツジ …… 82

ヤマブキ …… 83

テイカカズラ …… 84

アカメガシワ …… 85

ノダフジ …… 86

キリ …… 87

スイカズラ …… 88

マタタビ …… 89

ウツギ …… 90

あとがき …… 92

はじめに

文化財だけではない飛鳥（あすか）の魅力

　大和は国のまほろば、飛鳥地域は日本人の心のふるさととといわれます。中でも明日香村（あすか）には、宅地開発などを規制した法律によって、今もかつての田園風景が広がり、橿原市（かしはら）から車で明日香村に入ると景色が一転します。昭和を生きた人には懐かしい原風景、若い人々にはジブリのアニメや映画で見た古い日本の農村の様子に心癒（いや）されるのではないでしょうか。

　また飛鳥には古代国家の宮跡や高松塚（たかまつづか）、石舞台などの古墳が点在し、行楽シーズンには多くの観光客や学生がハイキングに訪れます。近年は修学旅行で明日香村の民家に宿泊し、農村の生活を体験しながら歴史を学ぶツアーなども人気があります。

　書店には古代日本の歴史書や飛鳥地域のガイドブックも数多く並べられ、それらを手に遺跡や万葉集の歌碑をめぐることもできます。さらに飛鳥歴史公園の整備も進んで、展示見学施設が充実し、スマートフォンを使いこなせば、欲しい情報が瞬時に手に入るシステムも導入されています。

　このように魅力いっぱいの明日香村ですが、ひとつだけ物足りなく感じていることがあります。それは、これらの遺跡や施設の周囲の自然には、あまり関心が向けられていないことです。飛鳥川は治水（ちすい）対策などを理由に、自然の飛鳥川から

奈良県明日香村の風景

かなり様子が変えられていますが、棚田や里山には昔から生
き続けている動植物が数多く生息しています。その中には他
の地域ではめったに見られなくなった絶滅危惧種も含まれて
います。石の遺跡は、地下に埋蔵され、千年以上保存され
てきましたが、その周辺の生き物たちも環境の変化による盛
衰を経験しながら世代交代を繰り返し、これらの文化財とと
もに飛鳥で生き続けてきました。にもかかわらず、生き物た

ちには目が向けられず、無造作にその生息地が奪われていくことが残念でなりません。飛鳥（あすか）の文化財が保存され、歴史学習に活用されるように、そのまわりにある自然も保全され、環境や景観の学習に活用されるべきであると考えます。

歩いて目にして植物に親しんで

　本書では、飛鳥を散策する方々に、それらに親しんでいただこうと、生態写真を中心にして、難しい分類や生態には触れず簡単に紹介しています。植物に親しむために、まず名前を覚えてください、そしてその名前の由来、生活の中での利用法、万葉集の中でどのように詠（よ）まれているかなどの知識をもって、植物たちとの距離を縮めていただければと思います。

　飛鳥地方の観光スポットは点在しています。自転車での移動が中心となっていますが、是非植物に目を向けながらゆっくり歩いてみてください。植物で結ばれた点と点が線になり、そして線と線が面へと広がって、明日香村（あすか）全体を大きな博物館として楽しんでいただけることと思います。本書では、早春から梅雨（つゆ）の季節までの期間に、平地の耕作地から里山（さとやま）まで、比較的容易に目にすることのできるものを集めました。まだまだ紹介したい植物は数多く残っていますが、それはまたの機会に譲りたいと思います。

　それでは、ヒバリのさえずりやキジの雄たけびを聞きながら、のどかな春の飛鳥地方を満喫（まんきつ）してください。

在来種と外来種

　日本の国土の多くがそうであったように、飛鳥も縄文時代までは、面積の大部分を森林が占めていたと考えられます。その間を飛鳥川が流れ、氾濫(はんらん)によって形成された扇状地(せんじょうち)が広がっていたかもしれません。

　そこに農耕文化をもった人たちが移り住み、森を切り拓(ひら)いて田畑をつくり、住居をつくっていきました。このとき植物の世界は森林の植物から、光のよく当たる場所を好む植物へと移り変わったと考えられます。山崩れや川の氾濫、あるいは山火事でできた、わずかな「裸地(らち)」にしか生育できなかった植物たちが、木が伐採されたことで生育地を広げたのです。そこに、農耕とともに大陸から持ち込まれた植物が増えていきました。これらを今は「史前外来種(しぜん)」と呼んでいます。いつ日本に入って来たかは定かでありませんが、イネやムギの栽培が始まるとともに多くの外来種が日本に定着しました。畑や田んぼのまわりで、ごく普通に見かけるいわゆる「雑草」の多くは、これらの史前外来種です。

　次に、外来種が増えたのが明治時代です。開国によって海外と人と物が行き来することにより、多くの植物が渡来しました。ヒメジョオンやハルジオンは江戸末期から明治に観賞用として北米から持ち込まれたものが広がったそうで、そのときの名前は「柳葉姫菊(やなぎばひめぎく)」だったそうです。

　そして次が第2次世界大戦後、アメリカから大量の物資が輸入されるのと同時に、外来植物もたくさん見つかるよう

になりました。セイタカアワダチソウはその代表格で、他の植物の成長を抑制する物質を根から出して空き地を独占し、厄介者扱いされた時代もありました。生活にゆとりができるとガーデニングも盛んになり、世界から観賞価値の高い植物が輸入されました。そしてそのうちのいくつかは野生化して広がり続けています。

　その次が2000年代です。近年、中国や南アメリカ、アフリカなど世界各国との物流が盛んになり、さらに気候の温暖化も手伝って、ますます外来種は増えてきました。そして昨今、外来種の存在が在来種を脅かすとして問題視されてきています。しかし、在来種と思われているものが史前外来種であったり、日本の風景にすっかり溶け込んで親しまれていたりして、どの種は許容しどの種を駆除するのかという線引きは困難になっています。

　奈良公園で秋一番に真っ赤な紅葉を楽しませてくれていたナンキンハゼが、原生林の植生に影響を与える外来種であるとして、伐採されることになりました。では飛鳥ではどうでしょうか。コスモス、ホテイアオイ、コキア、など、史跡や公園を彩って来訪者を楽しませてくれている植物はすべて外来の植物であり、白いヒガンバナと呼ばれて注目を集めているものもヒガンバナ属（リコリス）の別種であることはまちがいありません。さらに、ヒガンバナ自体が中国原産の外来種で、種子ができないため人の手によって全国に広がっていったものと考えられます。長い地球の歴史を考えると、大陸の

移動や気候変動により、今まで地球上に登場した多くの種が絶滅しています。今、地球上に現れた人類の活動によって、自然分布とは異なる地に広がり、その地にもとからあった生物との間で生存競争が起こるのも、生物の歴史の一幕と考えれば、目くじらを立てて外来種を排斥することもないのかも知れません。

　ただ、近年の外来種の侵入とその増加は、その地の生態系全体に影響を及ぼし、それが人類の食糧生産などにも波及することが懸念されています。「持続可能な社会」をつくるために、私たちはこの外来種の問題にも関心をもたなければならないところまで来ているのです。

　私たちはこの飛鳥という風土に、どのような景観が望ましいか、そのためにはどのような植物が身近にあるべきなのか、本書をご覧になられた方が、私といっしょに考えてくだされればうれしく思います。

見頃の目安

　本書では、紹介する植物が写真にあるような姿になる季節を下のような表で示しました。飛鳥地域での標準的な年の季節の歩みをもとにしていますが、近年の温暖化傾向により、早まる傾向が見られます。また成育条件等により、この範囲以外の季節にも見られることもあります。

見頃の目安	1月	2月	3月	4月	5月	6月	7月

ヒガンバナ（彼岸花）

　霜が降りて夏の植物が枯草色（かれくさ）になった頃、田んぼの土手（どて）で青々とした細長い葉を伸ばして冬の光をいっぱいに浴びるもの。それは、燃えるような赤で秋の訪れを知らせたヒガンバナの葉です。「そういえばヒガンバナに葉はなかった」と気づく方もおられると思います。花が終わると一斉に葉芽（はめ）が伸びだし、背の高い植物のいない畦（あぜ）で冬の太陽を一人占めです。球根にいっぱい栄養を蓄（たくわ）えたら、暑い夏が過ぎるまで休眠します。最近は冬にも草刈りをする農家が増え、ヒガンバナも少なくなっています。

田んぼの土手のヒガンバナの葉

見頃の目安	1月	2月	3月	4月	5月	6月	7月

在来種のシロバナタンポポ

シロバナタンポポ（白花蒲公英）

　黄色い花のタンポポが、開けた日なたを好むのに対し、やや日陰気味な林の縁や建物の陰、他の植物と競合する草むらにも生育しています。在来種で西日本に多く、関東では珍しいといわれます。カンサイタンポポより全体的にやや大ぶりで、花の茎が太く背も高いのが特徴です。

　タンポポの花の茎を数センチメートルに切って、その一方の切り口に木管楽器のリードのような細工をし、そこから空気を吹き込むとタンポポの草笛ができます。こんな遊びができる人も最近はめっきり減りましたが。

見頃の目安	1月	2月	3月	4月	5月	6月	7月

ほっそりした感じのカンサイタンポポ

カンサイタンポポ（関西蒲公英）

　おだやかに春の光が花を照らすと、暖かさを感じて花びらを一枚一枚開かせるタンポポ。その姿はまるで固く握ったこぶしを開いていくようです。カンサイタンポポは、近畿を中心にした西日本に古来から自生するニホンタンポポの一種です。人間が森を開き耕作を始めると、その周辺は彼らにとって格好の生活の場になりました。

　夏の背の高い草におおわれる前に休眠し、地下で暑い夏を過ごすタンポポは、日本の気候と耕作地に適応した植物です。

見頃の目安	1月	2月	3月	4月	5月	6月	7月

繁殖力旺盛なセイヨウタンポポ　　　セイヨウタンポポの果実

セイヨウタンポポ（西洋蒲公英）

　外来種のセイヨウタンポポやアカミタンポポは、道ばた、公園、庭、などいたるところに侵入してきます。同じ株の花どうしでは受粉（じゅふん）しても種子がつくれないニホンタンポポに対し、セイヨウタンポポは受粉しなくても種子ができます。また1個のつぼみにできる種子の数も、カンサイタンポポが50〜80個であるのに対し、90〜150個と、圧倒的な多さです。それに季節を問わず花をつけ、種子を散布するという、繁殖力に優れた植物で、その上にニホンタンポポとの交雑種（こうざつしゅ）（ハイブリッド）までつくってしまいます。

見頃の目安	1月	2月	3月	4月	5月	6月	7月

オニタビラコ（鬼田平子）

　タンポポのように、綿毛（わたげ）をもつ種は風で運ばれ、庭、道ばた、畑……どこにでも生育する、ありふれた雑草の一種です。まっすぐに立った茎の先端に小さい花がたくさん咲きます。

オニタビラコの花

　タビラコとは、田んぼに平たく葉を広げることから名付けられました。

　近年の野草を食べるブームで、オニタビラコのレシピが、インターネット上などでたくさん公開されています。天ぷらやサラダ、白和えなどが人気のメニューだそうで、野草の中では美味なほうだといわれています。

見頃の目安	1月	2月	3月	4月	5月	6月	7月

U字溝の隙間に生育したコオニタビラコ

コオニタビラコ（小鬼田平子）

　春の七草のひとつである「ほとけのざ」は、この植物です。
冬の葉が地面に放射状に広がる姿が、仏像の台座（蓮台）
に似ていることから名付けられました。

　休耕田や用水路など、水気の多いところに生育します。
オニタビラコより小型で、花は斜めに立ち上がります。果実
に綿毛はなく、短期間で遠くまで分布を広げることはできな
いとみられます。

見頃の目安	1月	2月	3月	4月	5月	6月	7月

ノゲシの花

休耕田に咲くノゲシ

ノゲシ（野芥子）

　「ケシ」と名前は付いていますが、キクのなかまです。タンポポとは異なり、1メートルを超えるものもあります。綿毛をもつ種は風に乗って遠くまで飛び、分布は世界中に広がっています。空き地や道路脇の植え込みなど、かなり過酷な条件下でも生育する強い植物です。

　葉にはとげがあり、触ると痛そうに見えますが、実際は案外やわらかく食用にもなるようです。ノゲシの花言葉のひとつが「憎まれっ子世にはばかる」。ちょっとかわいそうですね。

見頃の目安	1月	2月	3月	4月	5月	6月	7月

オニノゲシの花

田んぼの土手に生育するオニノゲシ

オニノゲシ（鬼野芥子）

　明治時代にヨーロッパから渡来したといわれる外来種で、今では全国に分布しています。ノゲシと同様にいろいろな環境のもとで生育可能です。ノゲシより太く頑丈な印象があります。

　葉の先にあるとげは鋭くとがっていて、見かけだけのノゲシとは違い、触ると痛いです。おもに春に花を咲かせますが、暑さ、寒さにも強く、一年中花を見かけます。花言葉は「毒舌」。これには納得です。

見頃の目安	1月	2月	3月	4月	5月	6月	7月

田んぼの土手のオオジシバリ

オオジシバリ（大地縛り）

　茎が地面を這い、その節から根を出して広がっていき、地面を縛るように見えることから名付けられました。ツルニガナとも呼ばれます。

　田の畦など、やや湿り気のあるところに普通に見られます。茎が地を這うため、畦の草刈りでも刈り取られることなく成長を続けることができます。

　よく似たなかまにジシバリ（イワニガナ）があります。こちらはオオジシバリより、やや小ぶりで葉は丸く、石垣や庭など乾いた土壌を好みます。

見頃の目安	1月	2月	3月	4月	5月	6月	7月

遊歩道脇のニガナ

ニガナ（苦菜）

　道ばた、空き地などいろいろな環境に生育し、30センチメートル程度に伸びた茎に、清楚_{せいそ}な花を数多く咲かせます。1個のつぼみには5〜7個の花（花びらのようですが、キクのなかまはこれが1個の花です）しかありません。花言葉のひとつは「質素」。タンポポは1個のつぼみに50〜100個の花が集まっていてボリューム感がありますが、それと比べるとかなり質素です。もうひとつの花言葉が「明るい笑顔の下の悲しみ」。飾り気のない姿が寂しげでもあります。

　食用になりますが、かなり苦みがあるそうです。

見頃の目安	1月	2月	3月	4月	5月	6月	7月

耕作前の田んぼに生育するタネツケバナ

花のアップ

タネツケバナ（種漬花）

　田んぼや水路、川の岸辺など水分を含んだ土壌（どじょう）に多く、ナズナに似た花をつけます。種籾（もみ）を水につける頃に咲く花、ということで名付けられたそうですが、実際はもっと早く、3月の初め頃には咲き始めます。

　タネツケバナにはよく似たなかまが多く、見分けが難しいものです。やや大型で茎が緑色のオオバタネツケバナは川の上流に多く、そしてその中間型のミズタネツケバナは水路の周辺などに見られます。

見頃の目安	1月	2月	3月	4月	5月	6月	7月

田んぼの畦のミチタネツケバナ

冬にも花を咲かせる

ミチタネツケバナ（道種漬花）

　近年、外来種のミチタネツケバナが急激に増え、いたるところに分布を広げています。ヨーロッパ原産で1990年代に広がりを見せ、道路、公園、グラウンドなどやや乾燥した場所にも生育しています。

　まだ手がかじかむような冷たい風の中で、一番に春を感じて咲き出すのがこのミチタネツケバナ。暖冬の年には年末にも咲き始めます。熟した果実に触れると、さやがはじけてたくさんの種子をかなり遠くまで飛ばします。

見頃の目安	1月	2月	3月	4月	5月	6月	7月

三味線のばちに似たナズナの果実

ナズナ（薺）

　ぺんぺん草ともよばれます。果実がぺんぺん弾く三味線<ruby>三味線<rt>しゃみせん</rt></ruby>のばちの形に似ていることから名付けられ、別名三味線草<ruby>三味線草<rt>しゃみせんぐさ</rt></ruby>ともいいます。空き地、道ばたなどに普通に見られる春の七草のひとつです。畑など肥料を多く含んだ土地では大きく、やせた土地では小型に、どんなところでもちゃんと花が咲いて実をつける生命力あふれるナズナです。冬は地面に放射状に葉を広げたロゼット状で、その下に白い根がまっすぐ伸び、まるで大根を小さくしたような姿をしています。

見頃の目安	1月	2月	3月	4月	5月	6月	7月

マメグンバイナズナ（豆軍配薺）

　北アメリカ原産の外来種です。ナズナより背が高く、グラウンドや家の庭、道路脇_{わき}などによく見られます。果実の形が武将が戦いの指揮をするときに用いた団扇_{うちわ}形の軍配_{ぐんばい}（今は相撲_{すもう}の行司_{ぎょうじ}が持っています）の形に似ています。

　晩春から初夏にかけて開花して実をつけますが、季節を選ばずに開花するものもあります。

　ドライフラワーに加工し、フラワーアレンジメントの材料として利用されています。

荒れ地に咲くマメグンバイナズナ

見頃の目安	1月	2月	3月	4月	5月	6月	7月

橿原市内の休耕田で栽培されているセイヨウアブラナ

セイヨウアブラナ（西洋油菜）

　油を採るために、明治になって持ち込まれたアブラナのなかまです。休耕田に植えられたりして、私たちの目を楽しませてくれています。それが野生化して川原や耕作放棄地に広がっているのをよく見かけます。これらの葉を見ると、ひと株ずつ形が違っていることに気づきます。それはアブラナが、近縁のなかまと簡単に交雑種をつくるためです。白菜やチンゲン菜、小松菜、花菜などはアブラナのなかまで、収穫せずに畑に放っておくと春に「菜の花」を咲かせます。これらが自然に交配していると考えられます。

見頃の目安	1月	2月	3月	4月	5月	6月	7月

飛鳥川の川原に生育するセイヨウカラシナ

セイヨウカラシナ（西洋芥子菜）

　食用として持ち込まれた外来種ですが、それが各地の河川敷などに大群落をつくるまでに広がりました。カラシナという名の通り、ピリッと辛いのが特徴で、サラダや漬物にするとアクセントになります。大根やワサビと同様、この辛みは熱を加えると消えてしまいます。

　花びらはアブラナより細く、茎につく花の数もまばらです。ただ、このセイヨウカラシナも、アブラナとの交雑種をつくるため、見分けが難しい中間種も存在します。

見頃の目安	1月	2月	3月	4月	5月	6月	7月

明日香村内の棚田に植えられたゲンゲ

ゲンゲ（蓮華）

　レンゲソウとよばれることが多いですが、正式な植物名はゲンゲ。かつては緑肥（植物を田畑にすきこんで肥料とすること）として利用していました。耕運機のツメに巻き付くレンゲを敬遠するためか、化学肥料が安価になったからか、一面にレンゲが咲く田んぼが少なくなってきました。

　けれども一方で、有機栽培にとりくむ農家が増え、再びレンゲが脚光を浴びています。また牛の飼料や蜂蜜の原料として栽培しているところもあります。

白いゲンゲの花　　　　　　　　　　ゲンゲ

　以前、一面のレンゲ畑に飛鳥人が立っている絵を目にしましたが、レンゲは室町時代以降に中国から持ち込まれた外来種。飛鳥時代の人々が目にしたかどうかは疑問です。

　花をよく見るとエンドウによく似た花が数個円形に並んでいます。ゲンゲはマメのなかまで、花の後には種子の入った小さなさやができます。赤いレンゲがほとんどの中、突然変異で白い花の株が現れることがあります。

　懐かしい日本の農村風景を観光客に楽しんでもらおうと、明日香村では鑑賞用に育てている田んぼもあります。

見頃の目安	1月	2月	3月	4月	5月	6月	7月

ウマノアシガタの冬の葉

つやのあるウマノアシガタの花

ウマノアシガタ（馬の足形）

　別名キンポウゲとも呼ばれるウマノアシガタは、黄色いつやのある花びらが特徴で、田の畔によく見られます。名前の由来は、冬の葉が馬のひづめの形に似ているためといわれますが、明治時代まで馬のひづめを保護するために履かせていた馬の草鞋に似ているからなどという説もあります。

　美しい花ですが、口に入ると中毒症状を起こすため、昔から触れてはいけない花と教えられていました。しかし今は飛鳥を訪れる人たちが、平気でこの花を摘んで歩いている姿をよく見かけます。

| 見頃の目安 | 1月 | 2月 | 3月 | 4月 | 5月 | 6月 | 7月 |

キツネノボタン
タガラシ

キツネノボタン（狐の牡丹）
タガラシ（田辛子　田枯らし）

　どちらも田の用水路や休耕田など、水気の多い土壌に生育する植物です。

　これらキンポウゲのなかまは有毒で、食べたり触ったりすると消化器や皮膚に炎症を起こすといわれます。キツネノボタンの果実は金平糖のような突起があり、丸い団子のようなタガラシと容易に区別できます。

見頃の目安	1月	2月	3月	4月	5月	6月	7月

スズメノテッポウ

セトガヤ

スズメノテッポウ（雀の鉄砲）
セトガヤ（背戸萱）

　春の田んぼに見られる植物です。穂を包むさやを抜いて、草笛にすると、ピーというかわいい音が出ます。よく似た2種ですが、農耕と同時に日本に渡ってきた、史前帰化植物と考えられています。

　セトガヤのセトは背戸（裏口）のことで、裏口の田んぼに生える草という意味ではないかと、植物学者の牧野富太郎先生は言っています。

見頃の目安	1月	2月	3月	4月	5月	6月	7月

遊歩道脇に生育するカラスムギ

カラスムギ（烏麦）

　今世紀になって飛鳥地域に急速に広がった史前外来種で、道ばたや空き地に普通によく見られます。

　果実それぞれには長い芒があって、さやから突き出ています。果実が落ちて乾燥すると、芒の根元がねじれて「く」の字に折れ曲がり、まるでバッタの脚のような形になります。このねじれは雨で濡れると元に戻るのですが、そのとき曲がった先端部がくるくる回転して、果実が「寝返り」を打ちます。こうして何度も転がりながら、親の株元から離れて分布を広げていくのです。

見頃の目安	1月	2月	3月	4月	5月	6月	7月

在来種のミミナグサ

ミミナグサ（耳菜草）

　ミミナグサは、ハコベなどと同じナデシコのなかまです。葉は向かい合って節ごとにちょうど90度角度を変え、上の葉と重なって光を奪い合わないようにしています。

　ミミナグサの名前の由来はネズミの耳に似ているからだとか。ミッキーマウスの耳しか知らない世代にはちょっと難しい連想かもしれません。田の土手、道ばたなどに自生していますが、今は自然の多く残る里山環境でしか見られなくなりました。古来「菜」と付く植物は食用にされていたとのことです。

| 見頃の目安 | 1月 | 2月 | 3月 | 4月 | 5月 | 6月 | 7月 |

外来種のオランダミミナグサ　　　　冬のオランダミミナグサ

オランダミミナグサ（和蘭耳菜草）

　ヨーロッパ原産の外来種です。このオランダミミナグサは、都市の公園、道ばたから里山の耕作地まで、いたるところで見られます。庭があれば必ず生えているといってよいくらい繁殖力の強い草です。

　オランダミミナグサと在来種のミミナグサとの違いは、茎の色です。ミミナグサの紫色に対して、オランダミミナグサは明るい緑色です。オランダミミナグサは花に在来種のような長い柄がなく、全体に短い毛で覆われています。

見頃の目安	1月	2月	3月	4月	5月	6月	7月

飛鳥川の土手のキクザキリュウキンカ

キクザキリュウキンカ（菊咲立金花）

　近年急速に広がった、ヨーロッパ原産の外来種です。観賞用として植えられていたものが捨てられて、野生化しました。まだ他の花が咲いていない早春に、ハート形で濃い緑の葉を広げ、大きく鮮やかな黄色の花を咲かせます。穏やかな太陽の光が当たると花びらを開き、まるで小さなヒマワリのようです。

　春が終わる頃、あとかたもなくあっさり消えてしまい、太った根はそれから秋まで長い休眠に入りますが、地下ではどんどん広がり、翌年はさらに大きい群落をつくっていきます。

見頃の目安	1月	2月	3月	4月	5月	6月	7月

イヌノフグリの果実

イヌノフグリの花はピンクで小さい

イヌノフグリ（犬のふぐり）

　在来種、あるいは史前外来種のイヌノフグリは、今では絶滅危惧種で、明日香村でも古い石垣の隙間など、ごく限られた場所で見られるだけとなりました。コンクリートブロックが増えたり、除草剤が散布されるなどして、生育できる環境が減ったことが減少の原因と考えられます。早春にピンクの花を咲かせ、その名の由来となった独特の形の果実ができます。ふぐりとは睾丸のこと。雄犬を飼っている方なら、果実の形を見れば、この命名理由がおわかりいただけると思います。

見頃の目安	1月	2月	3月	4月	5月	6月	7月

春の訪れを知らせるオオイヌノフグリ　　　　オオイヌノフグリの果実

オオイヌノフグリ（大犬のふぐり）

　明治の開国と同時にヨーロッパから日本に入ってきたとされる外来種ですが、今ではすっかり春一番に咲く花として知られるようになりました。在来種のイヌノフグリよりも大型で、道ばたから花壇や畑まで、いたるところに分布する繁殖力の強い植物です。

　春の青空をイメージさせる明るいブルーの花びらは、4枚あるかのように見えますが、根元でつながった合弁花です。日が当たって暖かくなると花が開き、ひとつの花の寿命はたいてい1日です。

見頃の目安	1月	2月	3月	4月	5月	6月	7月

タチイヌノフグリ

フラサバソウ

タチイヌノフグリ（立犬のふぐり）
フラサバソウ（フラサバ草）

　どちらもイヌノフグリのなかまで、ヨーロッパ原産です。

　タチイヌノフグリは、地面から茎が直立することから名付けられ、どこにでも見られます。

　一方、フラサバソウは明日香村ではあちらこちらで見られますが、オオイヌノフグリほど多くは見られません。明治時代に日本の植物を研究したフランス人のフランシェとサバティエという2人の名前をとったものです。

見頃の目安	1月	2月	3月	4月	5月	6月	7月

きゅうこうでん
休耕田に生育するカワヂシャ

カワヂシャ（川萵苣）

　湿ったところに生える在来の植物で、春に50センチメートル程度に伸びた茎の先に小さな花をたくさんつけます。色は薄い青または白で、青い筋が入ります。

　昔は田の周辺や川原に普通に見られる植物でしたが、河川改修や用水路のU字溝化によって、成育できる環境が減りました。また外来種との交雑がおこり、今では絶滅危惧種に指定されています。明日香村でも、水田の水路などにわずかに見られるのみとなりましたが、それらも交雑種である可能性があります。

見頃の目安	1月	2月	3月	4月	5月	6月	7月

飛鳥川の水辺に生育するオオカワヂシャ

オオカワヂシャ（大川萵苣）

　ヨーロッパからアジア北部が原産地の外来種で、近年は春の川岸を埋め尽くすほどに広がりを見せています。

　カワヂシャより大型で、成長のよいものは1メートルに達します。花は薄青紫で同じなかまのオオイヌノフグリとよく似た形をしています。

　在来種のカワヂシャと交雑種をつくり、その交雑種にも繁殖能力があるため、オオカワヂシャは法律によって栽培や運搬などを禁じた特定外来種に指定されています。

見頃の目安	1月	2月	3月	4月	5月	6月	7月

サギゴケ

国営飛鳥歴史公園に見られるムラサキサギゴケの群落

ムラサキサギゴケ（紫鷺苔）

　コケと名前がついていますが、花が咲く被子植物。特徴的な形の花が印象的です。やや湿った土壌に多く、田んぼの周辺や水のたまりやすい空き地に多く見られます。

　国営飛鳥歴史公園の甘樫丘地区にある広場は、毎年薄紫色の絨毯を敷いたように、ムラサキサギゴケが一面に広がる花畑が見られます。

　ムラサキサギゴケの白い花の株をサギゴケとよびます。花を上から見た形が、飛んでいるサギのようにも見えます。

見頃の目安	1月	2月	3月	4月	5月	6月	7月

ハハコグサ

チチコグサ

ハハコグサ（母子草）・チチコグサ（父子草）

　春の七草、御形はハハコグサのことで、草餅に入れて食べたそうです。草全体に毛があり、白く見えます。

　ハハコグサには、もともと「母」の意味はなかったといわれていますが、いつの間にか「母子草」と記されるようになり、あとから「父子草」が命名されました。

　ハハコグサは黄色で全体的にふくよかな感じがするのに対し、チチコグサは色気がなく、やせた感じがするのは気のせいでしょうか。

ハハコグサ	1月	2月	3月	4月	5月	6月	7月
チチコグサ	1月	2月	3月	4月	5月	6月	7月

道ばたに生育するメリケントキンソウ

メリケントキンソウ（メリケン吐金草）

　南米原産の外来種で、近年、明日香村でとくに爆発的に増えてきています。他の地域では、まだそれほど多く見られるものではないのですが、なぜ明日香村ではこのように分布を広げることができたのか。その理由は果実にあります。

　花には花びらがなく、全く目立たないのですが、そのあとにできる果実の先端には、針のように鋭いとげがあるのです。どんなに鋭いのか、実際にメリケントキンソウを触ったり踏みつけたりしてみました。その結果が次の写真です。人間の皮膚や靴底など柔らかいものに突き刺さります。刺さったとげ、つまり種子を包んだ果実は人間や動物の歩みのままに

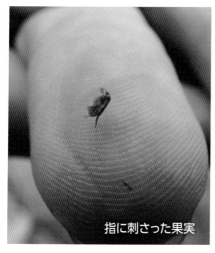
指に刺さった果実

靴底に刺さった果実

　運ばれ、やがては地面との摩擦<small>まさつ</small>などで脱落し、遠く離れた場所に新たな命が芽生えるのです。

　明日香村は、ウォーキングをする人が他の地域よりかなり多いところです。ハイキングコースに沿って分布を広げたメリケントキンソウ。学校のグラウンドにも侵入しはじめました。毒こそないものの、ちくちく痛い害草<small>がいそう</small>としてこれからはその名を知られていくことになるでしょう。

　在来のトキンソウとは別のなかまで、金を吐くという名前には似つかわしくない厄介者<small>やっかいもの</small>です。

見頃の目安	1月	2月	3月	4月	5月	6月	7月

カタバミ

アカカタバミ

カタバミ（片喰）

　葉の一部をかじられ欠けたように見えることから、「片喰（かたばみ）」と名付けられました。世界中に分布する繁殖力の強い草のひとつです。葉には蓚酸（しゅうさん）が多く含まれ、この葉で硬貨をこすると汚れが取れてきれいになります。

　このカタバミには、葉が紫色のものがあり、アカカタバミと呼ばれますが、緑色のカタバミよりもさらに過酷（かこく）な環境に強く、アスファルト道路の隙間（すきま）などでもよく見かけます。

　カタバミには栽培されているなかまも多く、それらはカタバミのなかまを表す、オキザリスと呼ばれます。

見頃の目安	1月	2月	3月	4月	5月	6月	7月

オッタチカタバミ

ムラサキカタバミ

オッタチカタバミ（おっ立ち片喰）
ムラサキカタバミ（紫片喰）

　オッタチカタバミは茎が立ち上がるのが特徴で、道ばたや空き地などでよく見られる北アメリカ原産の外来種です。

見頃の目安	1月	2月	3月	4月	5月	6月	7月

　ムラサキカタバミは観賞用として江戸末期に持ち込まれた南アメリカ原産の外来種。種はできませんが、地下に小さな球根が数多くでき、いったん庭などに生えると完全に駆除_{くじょ}するのが難しい雑草になります。

見頃の目安	1月	2月	3月	4月	5月	6月	7月

道ばたに群生するホトケノザ

ホトケノザ（仏の座）

　葉は、シソ科の特徴である四角い茎に向かい合ってついています。根元に近い葉には柄(え)がありますが、上の方の葉にはなく、茎をぐるりと巻いているように見えるため、仏様が座っている蓮台(れんだい)に見えるというものです。花は、この柄のない葉の脇(わき)につきます。

　昔は子どもたちが筒状の花を抜いて根元にある蜜をよく吸いましたが、そんな姿を今では見かけません。種子にはアリが好む物質がついていて、アリの力で遠くまで運ばれて行き、分布を広げます。

見頃の目安	1月	2月	3月	4月	5月	6月	7月

荒れ地に群生するヒメオドリコソウ

ヒメオドリコソウ（姫踊り子草）

　ホトケノザと近いなかまで、近年急速に分布を広げている外来種です。渡来したのは明治中期で、原産地はヨーロッパです。空き地や休耕田などに群生していますが、その独特の立ち姿から、他の植物と見間違うことはないでしょう。

　オドリコソウより小さいためヒメオドリコソウと名付けられましたが、バレリーナのようなオドリコソウとは姿かたちが大きくかけ離れています。オドリコソウは吉野川流域や吉野山で多く見られますが、明日香村では見たことがありません。

見頃の目安	1月	2月	3月	4月	5月	6月	7月

キトラ古墳周辺に群生するマツバウンラン

マツバウンラン（松葉海蘭）

　北アメリカ原産で、戦後広がりを見せた外来種です。地面を這う小さな植物で、線路や墓地など、あまり他の植物が育たないような土地にも群生します。

　晩春に、細くて弱々しく見える葉には不釣り合いな長い茎を伸ばし、ヒメキンギョソウに似た薄紫の花を咲かせます。

　種は非常に細かく、風に揺れる茎から飛ばされたり、人の足にくっついたりして分布を広げているものと思われます。細い葉に、日本の浜に自生するウンランに似た花をつけることからマツバウンランと名付けられたとのことです。

見頃の目安	1月	2月	3月	4月	5月	6月	7月

キウリグサ

ハナイバナ

キウリグサ（胡瓜草）
ハナイバナ（葉内花）

　どちらも直径3ミリメートルくらいの小さい花をつける、ワスレナグサのなかまです。キウリグサは葉をもむとキュウリのような匂いがするというのですが、どうでしょうか。

　ハナイバナは、葉と葉の間に花が咲くことや、花の中心まで花びらと同じ青い色をしていることでキウリグサと区別できます。キウリグサは家の庭や道ばたに、ごく普通に見られますが、ハナイバナは里山に近い環境で見られます。

見頃の目安	1月	2月	3月	4月	5月	6月	7月

林の周辺に多いタチツボスミレ

タチツボスミレ（立坪菫）

　里山の道ばたや民家の庭、明日香村であれば歴史公園の広場周辺の林などにごく普通に見られます。国外にはほとんど自生せず、日本を代表するスミレです。

　日なたから日陰気味の場所、平地から山地と幅広い適応力をもち、個体数も一番多いスミレといわれています。

　川の堤の桜が咲く頃、その根元にタチツボスミレを見つけることもよくあります。「つぼ」とは庭のことで、昔は農家の庭先などにもあったのかもしれませんが、最近は街中では見かけません。

見頃の目安	1月	2月	3月	4月	5月	6月	7月

ノジスミレ

アリアケスミレ

ノジスミレ（野路菫）

　このスミレの花には香りがあるのが特徴です。名前のとおり、人里に近い道ばたや空き地に多く見られます。

アリアケスミレ（有明菫）

　白い花のスミレで、やや湿ったところを好みます。花の色は個体差があり、やや紫色の花の色が「有明の空」の色に見えることから名付けられたそうです。

見頃の目安	1月	2月	3月	4月	5月	6月	7月

空き地に群生するブタナ

ブタナ（豚菜）

　昭和になってから全国で広まり始めたヨーロッパ原産の外来種です。道ばた、空き地、牧場、草原、農耕地（のうこうち）などで群生（ぐんせい）しているのをよく見かけます。はじめはタンポポモドキと呼ばれていましたが、フランス語の「豚のサラダ」を訳した「ブタナ」が近年の和名となっています。タンポポより苦みがなく、原産地では食用としているところもあるようです。高さは30～50センチメートルで、群生すると美しいものです。ブタナが咲くのは晩春の5月。花言葉は「最後の恋」だそうです。

見頃の目安	1月	2月	3月	4月	5月	6月	7月

スイバの越冬葉

田んぼの土手に多いスイバ

スイバ（蓚、酸い葉）

　田んぼの土手や川原、空き地など見かける機会は多い植物です。冬にはヒガンバナやウマノアシガタとともに、地面近くで春を待っていますが、5月には高い茎を伸ばして花を咲かせます。雌株、雄株があり、花の色には白っぽいものから赤味の濃いものまで個体差があります。

　蓚酸を多く含み、食べると酸っぱいことから名付けられました。ユーラシア大陸に広く分布していて、ヨーロッパでは食用にされています。インターネット上にスイバの食べ方がいくつも載っていますから、一度試してみませんか。

| 見頃の目安 | 1月 | 2月 | 3月 | 4月 | 5月 | 6月 | 7月 |

田んぼの土手に多いギシギシ

ギシギシ（ぎしぎし）

　スイバと同じタデのなかまで、生育場所やその姿もよく似たギシギシです。ギシギシはスイバのように葉が赤みを帯びることなく鮮やかな明るい緑色であること、根が黄色いことなどで区別できます。

　古来、その根は羊蹄（ようてい）とよばれる生薬（しょうやく）として利用されましたが、葉の味にはくせがあり、スイバほど利用されてこなかったようです。

　ギシギシの名前の由来は諸説ありますが、確かなことは不明です。

見頃の目安	1月	2月	3月	4月	5月	6月	7月

エゾノギシギシ

アレチギシギシ

エゾノギシギシ（蝦夷のぎしぎし）
アレチギシギシ（荒れ地ぎしぎし）

　どちらもヨーロッパ原産の外来種です。近年は在来種のギシギシより、これら外来のギシギシの方が優勢になっています。特にエゾノギシギシは飛鳥川の土手に大集団をつくったり、歴史公園の芝生広場に突然背の高い雑草となって現れたりしています。

　外来種のギシギシには何種類かあって、見分けるのは難しいです。

見頃の目安

1月	2月	3月	4月	5月	6月	7月

芝の間によく見られるミヤコグサ

ミヤコグサ（都草）

　近年の遺伝子解析で1万年ほど前に大陸から渡ってきたことが明らかにされた在来種です。マメのなかまで、ゲンゲの花とよく似ています。

　日当たりのよい土手や川原などを好み、草丈の低い安定した草地に見られます。鮮やかな黄色い花が風に震える姿はかわいいですが、次第に少なくなっている植物です。

　外来種のセイヨウミヤコグサとは染色体数が違うため交雑することはないようですが、身近に残したい植物のひとつです。

見頃の目安	1月	2月	3月	4月	5月	6月	7月

紫のニワゼキショウの花

白いニワゼキショウの花

ニワゼキショウ（庭石菖）

　藤原宮跡など日当たりがよく、草丈が低い道ばたや空き地などで多く見られます。花には紫色と白の2種類のタイプがあります。

　小さな植物ですが、かわいらしい花が好まれて、明治時代に北アメリカから持ち込まれたといわれています。

　セキショウとは、川の岩場に生えるショウブのなかまの植物で、葉の形がセキショウ（本書71ページ）に似ていて庭に生えるものという意味です。

見頃の目安	1月	2月	3月	4月	5月	6月	7月

キトラ古墳周辺に広がったナルトサワギク

ナルトサワギク（鳴門沢菊）

　1970年代後半、徳島県で初めて発見され、ナルトサワギクと名付けられましたが、その後マダガスカル産の外来種であることが確認されました。

　和歌山県の友ヶ島には、鹿が多く生息していますが、有毒なこの植物を食べないため、島一帯に広がっています。明日香村でも、分布を広げてきています。他の植物の生育を抑制する作用をもつことから、特定外来種に指定されています。温度さえあれば、一年中花が咲き、種子をつくり増えていきます。

見頃の目安	1月	2月	3月	4月	5月	6月	7月

河川敷一面に咲くナヨクサフジ

ナヨクサフジ（弱草藤）

　ゲンゲと同じように、すき込んで肥料にするために持ち込まれたヨーロッパ原産の外来種です。ナルトサワギク同様、根から他の植物の成長を阻害する物質を出します。

　河川敷の土手に多く見られ、すでに橿原市では大きな群落をつくり、高取町や明日香村でも見つかっています。春の飛鳥川が、紫一色に染められる日はそう遠くありません。

　ナヨクサフジの花言葉は「世渡り上手」。きれいな花で人心をつかみ、春の河川敷の覇者となるつもりかも知れません。

見頃の目安	1月	2月	3月	4月	5月	6月	7月

田んぼの畦に多いノアザミ

ノアザミの冬芽

ノアザミ（野薊）

　秋に咲くなかまが多いアザミの中で、ノアザミは異色です。晩春から初夏の田の畦<ruby>畔<rt>あぜ</rt></ruby>や丘陵の道ばたを、鮮やかな紫色に彩ります。冬はまるでボアセーターをまとったような葉で地面に貼り付いて寒さをしのいでいますが、暖かくなると急に茎が伸びだして1メートル近くにまで成長します。

　ハチやチョウのなかまが、この花を訪れ、長く突き出した雄しべに触れると、モコモコと花粉がわき出して昆虫のからだに花粉が付きます。

見頃の目安	1月	2月	3月	4月	5月	6月	7月
				■	■	■	

キツネアザミ（狐薊）

　アザミと名が付いていますが、アザミ特有のとげがありません。それに花もノアザミよりずっと小さく色も地味です。本当のアザミではないので「キツネ」と付けられたそうです。

　こんな言い伝えもあります。猟師に追われたキツネがアザミの花に化けたが、あわてたために、とげをつけ忘れたというものです。こういう名前の付け方の方がおもしろいですね。

　田んぼの畦や空き地に見られます。農耕といっしょに大陸から渡ってきた史前（しぜん）外来種と考えられています。

田んぼの畦のキツネアザミ

見頃の目安	1月	2月	3月	4月	5月	6月	7月

花壇に入り込んだナガミヒナゲシ

ナガミヒナゲシの果実

ナガミヒナゲシ（長実雛芥子）

　地中海地方原産の外来種で、他の植物の成長をさまたげる作用があります。近年急に分布を広げ、明日香村（あすか）でもいたるところで目にするようになりました。

　土壌（どじょう）の条件によって大きさにはかなり個体差がありますが、1個の果実の中に1,000〜2,000個もの種子が入っているといわれています。この1ミリメートルにも満たない小さな種が次の年には爆発的に増えていくのです。驚くべき繁殖力です。

見頃の目安	1月	2月	3月	4月	5月	6月	7月

ノボロギク（野襤褸菊）

　「ぼろ」とは、「ぼろぼろ」のぼろで、ひどい名前が付けられたものだと気の毒でもあります。けれども、花びらのない花が終わった後、綿毛（わたげ）のある果実がボロボロとくずれるように散らばっていく姿は、「ぼろ」ギクの名がぴったりです。もともとボロギクといえば、サワギクのことだったそうですが、後にこのなかまを指すようになりました。

　明治にヨーロッパから入ってきた外来種で、畑の周辺や休耕田（きゅうこうでん）、空き地のほか、道ばたにもよく見られます。

高松塚古墳（たかまつづか）の周辺のノボロギク

| 見頃の目安 | 1月 | 2月 | 3月 | 4月 | 5月 | 6月 | 7月 |

田んぼの土手に多いヤブカンゾウ

ヤブカンゾウ（藪萱草）

　ヤブカンゾウは中国原産で、古い時代に日本に渡来し、栽培されていたものが野生化したと考えられています。田んぼの畦（あぜ）に多く、川の土手（どて）などにも見られます。中国では忘憂草（ぼうゆうそう）、日本では忘れ草とよばれ、この花を身につけると嫌なことを忘れられるというのですが、日本で栽培されたのは、ヤブカンゾウの若芽（わかめ）やつぼみを食するためだったのではないかとも考えられています。

　若芽もつぼみも、なかなか美味であると書かれていますが、意見は分かれるところではないでしょうか。

ヤブカンゾウのつぼみや若芽は食用にされていました

ヤブカンゾウのつぼみ

ヤブカンゾウの若芽

　種子はできず、もっぱら「ほふく枝（ランナー）」を出して増えていきます。濃いオレンジ色の花は、緑が濃くなった野山に鮮やかですが、1個の花の寿命は短く、1日〜3日で、しぼむため英語では Daylily とよばれています。

　　忘れ草　我がひもに付く　香具山の

　　ふりにし里を　忘れむがため　　　　　　　大伴旅人

　九州の大宰府に赴任していた大伴旅人が、香久山の見えるふるさと明日香への思いを忘れようと、着物の紐にこの忘れ草をくくりつけてみたという、万葉集の中の一首です。このほかにも、この忘れ草を詠み込んだ歌が何首もあります。

見頃の目安	1月	2月	3月	4月	5月	6月	7月

飛鳥川に群生するオランダガラシ

オランダガラシ（和蘭辛子）

　飛鳥川にオオカワヂシャとともに群生するオランダガラシ
は、洋食の付け合わせによく用いられるクレソンです。清流
に育つイメージの強いクレソンでしたが、分布を見てみると
そうではないことがわかってきました。

　日本のタネツケバナに近いなかまで、ヨーロッパ、中央ア
ジア原産の外来種です。食用に栽培されていたものが野生
化しました。今では全国の川に広がり、外来生物法によって
要注意外来生物に指定されるまでになりました。

見頃の目安	1月	2月	3月	4月	5月	6月	7月

キショウブ

セリ

キショウブ（黄菖蒲）

　日本的なイメージの花ですが、ヨーロッパ原産です。明治時代に観賞目的で持ち込まれたものが野生化しました。

セリ（芹）

　水辺に生える春の七草のひとつです。泥がたまったような、水路や川岸に群生します。

見頃の目安	1月	2月	3月	4月	5月	6月	7月

早春のネコヤナギ

ネコヤナギ（猫柳）

　春一番に目を吹くネコヤナギ。昔は飛鳥川の岸辺に多く自生していましたが、河川改修で姿を消し、今は明日香村稲渕の飛び石に植えられた数株が見られるだけです。

　　　山の際に　雪は降りつつ　しかすがに
　　　この川楊は　萌えにけるかも　　　　　　作者不詳

　万葉集では「かわやぎ」と呼ばれています。この歌では、「山の方では雪が降っているのに、もうネコヤナギは芽吹いている……」と解釈できますが、早い年では2月終わり頃にはつぼみをふくらませます。

　雄株と雌株があり、雄株は雄しべに黄色い花粉をいっ

初夏のネコヤナギ

　ぱいつけ、冬眠からの目覚めの早いハチが訪れます。一方、雌花は初夏になるとふわふわの綿のような毛のある種（柳絮）を飛ばします。

　ネコヤナギは枝がしなやかで、増水時に冠水しても傷みが少なく、その上しっかりと川岸の土壌を守るはたらきもあります。ネコヤナギを護岸に用いることができれば、本来の「万葉の川」の姿が復活するように思うのですが、すでに本来の川の姿を知る人々も少なくなり「草も木も、岩も石も何もないのがきれいな川」という考えの人も多くなっています。

　自然の力を生かした治水がコンクリートによる治水をしのぐことを証明するのは、もうこの川では難しいかもしれません。

見頃の目安	1月	2月	3月	4月	5月	6月	7月

飛鳥川の岩場に群生するキヨスミギボウシ

キヨスミギボウシ（清澄擬宝珠）

　橋の欄干の柱の先端に取り付けられた飾りを擬宝珠といいますが、梅雨の頃に伸びて来る花芽の形が、それに似ているためギボウシと名付けられました。

　清澄とは、このギボウシが初めに発見された、千葉県にある山の名前だそうです。飛鳥川上流の川岸の岩場に自生し、川面に緑の影を落として美しい景観をつくり出していますが、近年の河川改修で造成された遊水池は、コンクリートで護岸され、その数を減らしています。

見頃の目安	1月	2月	3月	4月	5月	6月	7月

春の水辺でひっそり花を咲かせるセキショウ

セキショウ（石菖）

　端午の節句で菖蒲湯に用いるショウブのように芳香を持
ち、谷川の岸の岩場などに生えることから名付けられました。
細く美しい緑の曲線を描く葉は、日本庭園の水辺にも植えら
れます。

　学名のアコルス（Acorus）は「飾り気がない」という意
味で、春に咲く花は、黄色い棒状に見え、あまり目立ちません。
葉に白いすじの入った斑入りのものや、小さいヒメセキショウ
が観賞用に出回っています。

見頃の目安	1月	2月	3月	4月	5月	6月	7月

ふきのとう

フキの果実

フキ（蕗）

　もとは山野に自生していましたが、山菜として利用価値が高いため、畑で栽培されるなど、人手によって管理されているものがほとんどです。

　上の写真のように、民家に近い川辺の土手など湿り気のあるところによく見られます。

　フキは葉が出る前に地下茎から花芽が出て来ますが、これがふきのとうです。雄株と雌株があり、雌花はタンポポのような綿毛のある種を飛ばします。

見頃の目安	1月	2月	3月	4月	5月	6月	7月

イタドリの若芽（わかめ）（すかんぽ）

イタドリ（虎杖）

　里山の林の縁や空き地、休耕田などに生える大型の草です。春には太い茎の芽が出て、まっすぐにぐんぐん伸びていきます。大きいものでは2メートル近くになるものもあります。伸び出したばかりの若い茎を、このあたりでは「すかんぽ」「すっぽん」といって、スポンと折って皮をむきそのまま食べます。蓚酸を含み、さわやかな酸味があります。

　枯れて乾燥した太い茎は空洞で軽く、杖の代わりに使えたようで、虎斑模様があることから、虎杖と書くようです。

見頃の目安	1月	2月	3月	4月	5月	6月	7月

林の周辺に多いカテンソウ

カテンソウの雄花

カテンソウ（花点草）

　里山の道ばたや林の縁の、やや湿ったところに群生する、高さ10〜20センチメートルの小さな植物です。

　カテンソウには、虫を呼ぶための花びららしいものは見当たりません。

　ではどうやって受粉するのかといえば、雄しべには折りたたまれた柄があり、それがばねのように一気にはねかえって先端にある花粉の袋から花粉がまき散らされるのです。虫の少ない早春に自力で受粉するこの仕組みは、有効な受粉戦略といえるでしょう。

見頃の目安	1月	2月	3月	4月	5月	6月	7月

ミヤマカタバミ

シロバナショウジョウバカマ

ミヤマカタバミ（深山片喰）

　里山の林の中にあるカタバミで、街中で見かけるカタバミより葉も花も大型です。花が終わると長さが2センチメートル近くもある果実ができ、種子ははじき飛ばされます。

見頃の目安

1月	2月	3月	4月	5月	6月	7月

シロバナショウジョウバカマ（白花猩々袴）

　葉が、能の演目「猩々（しょうじょう）」を演じる役者がはいている袴（はかま）に似ていることから名付けられました。本来の花は赤紫色ですが、高取山（たかとりやま）周辺のものは白色です。

見頃の目安

1月	2月	3月	4月	5月	6月	7月

ムラサキケマン

ミヤマキケマン

ムラサキケマン（紫華鬘）
ミヤマキケマン（深山黄華鬘）

　どちらも林の中からその縁に生育しますが、ムラサキケマンのほうが身近により多く見られます。ケシ科の植物でかなり強い毒をもち、草の汁には不快なにおいがあります。
　華鬘とは、寺のお堂を飾る仏具のことで、細かくくびれた葉と、数多く垂れ下がった花をそれに見立てたものと思われます。

見頃の目安	1月	2月	3月	4月	5月	6月	7月

クサノオウ（草の王、草の黄、瘡の王）

　古くから薬草として用いられてきた植物ですが、有毒成分を多く含むうえに、葉をちぎったときに出る黄色い液体は悪臭を放ち、触れると皮膚炎を起こす可能性があります。

　里山の道ばたなどに見られ、山吹色の花を咲かせます。果実の中の種子は半月型で、アリが喜ぶ成分が付着していて持ち運ぶため、分布を広げるはたらきをしています。

花のアップ

林の縁に見られるクサノオウ

見頃の目安	1月	2月	3月	4月	5月	6月	7月

チゴユリ

ホウチャクソウ

チゴユリ（稚児百合）

　林の中に生え、ユリのような形をした、小さく目立たない花がうつむきかげんに咲きます。「私の小さな手をいつも握（にぎ）って」「恥ずかしがりや」その名にふさわしい花言葉です。

ホウチャクソウ（宝鐸草）

　寺院の屋根に飾りとして取り付けられている宝鐸（ほうちゃく）のような形の花をつけることから名付けられました。
　薄緑色の花はあまり開（ひら）かず、うつむいたまま終わります。

見頃の目安	1月	2月	3月	4月	5月	6月	7月

新芽

ムロウテンナンショウの花

ムロウテンナンショウ（室生天南星）

　日本に数十種あるといわれるマムシグサのなかまのひとつで、茎の模様がマムシを連想させることから名付けられました。春に袋をかぶって地上に現れる姿は、マムシが地面から顔を出したかのようです。

　マムシグサのなかまには毒がありますが、それは漢方薬の有効成分にもなります。天南星（てんなんしょう）というのは、その漢方薬の名前です。

　サトイモのなかまで、湿り気のある林の中の日陰（ひかげ）を好み、ふた付きのカップのような花が咲きます。

見頃の目安	1月	2月	3月	4月	5月	6月	7月
				（新芽）	（花）		

シャガの花

シャガ （著莪）

　中国原産で、古い時代に観賞用として日本に持ち込まれたものが、人里近くの林で野生化したものとされています。染色体の数が原因で日本にあるものには種子ができず、すべて株分けなどによって広がったものです。

　日陰でやや湿ったところを好み、あまり他の植物が育たない、スギ林や竹林でも生育します。

　葉はつやのある濃い緑色で、桜が咲く頃から白い花をいっぱいに咲かせます。アヤメ科の植物で、花の形はアヤメに似ています。

見頃の目安	1月	2月	3月	4月	5月	6月	7月

ハナイカダの雄花のつぼみ

ハナイカダの果実

ハナイカダの雄花

ハナイカダ（花筏）

　花の軸と葉の中心の葉脈がくっついて、葉の真ん中に花が咲き、果実ができるという奇妙なスタイル。この花がなければ、「ごく普通の葉」なのですが。

見頃の目安	1月	2月	3月	4月	5月	6月	7月

林の縁に咲くモチツツジ

モチツツジ（黐躑躅）

　クヌギ、コナラなどの広葉樹林の林の縁に見られます。桜が散った頃から咲き始め、初夏に次々と長く咲き続けます。つぼみや花を昆虫から守るため、がくには粘着質の液体があり、これが「とりもち」を連想させるのでこの名が付けられました。まるで台所に置くゴキブリ退治の罠のようです。このとりもちに足をとられた昆虫の体液を吸う、モチツツジカスミカメという小さなカメムシのなかまがいますが、このカメムシは、とりもちにはくっつかないそうです。生物界のつながりはおもしろいものです。

見頃の目安	1月	2月	3月	4月	5月	6月	7月

ヤマブキの花のアップ

ヤマブキ（山吹）

　色鉛筆や絵の具で有名な「山吹色」とはこの花の色。昔は小判の色を表現していました。八重咲（やえざき）の栽培種は公園や庭でよく見られますが、一重咲きのヤマブキは山裾（やますそ）の斜面などに自生しています。

　太田道灌（どうかん）の伝説に出てくる後拾遺（ごしゅうい）和歌集の山吹の歌「七重八重（ななえやえ）　花は咲けども山吹の　実の一つだになきぞあやしき」（兼明親王（かねあきらしんのう））で有名ですが、ヤマブキは花が多く咲くわりには実がほとんどできません。

　『万葉集』にも、山吹を詠（よ）んだ歌が十数首あります。

見頃の目安	1月	2月	3月	4月	5月	6月	7月

ほのかな香りがあるテイカカズラの花

テイカカズラ（定家葛）

　葛とは、つる植物のことで、定家は平安〜鎌倉時代の
有名な歌人、藤原定家です。身分違いの式子内親王（後
白河天皇の皇女）に恋をした藤原定家が、死後もその未練
を断ち切ることができず、このつる草となって式子の墓にか
らみついたと伝えられています。ねじれた花びらには、定家
の狂おしい思いが現れているとか。

　種にはタンポポのような綿毛があり、果実から飛び出して
いきます。

見頃の目安　| 1月 | 2月 | 3月 | 4月 | 5月 | 6月 | 7月 |

アカメガシワ（赤芽柏）

　芽吹いた若芽が赤いため、アカメガシワといいますが、柏餅の葉とはまったくの別種です。ただ、柏同様に、成長した大きい葉に食べ物をのせるなど、古くは人々に身近な植物でした。若芽を食べたり、樹皮を生薬の原料にしたりもしました。葉が赤いのは、表面にある細かい毛が赤いためで、葉が大きくなるとこの毛が全体に広がって赤みが薄くなります。

　川原などの荒れ地に多く自生します。万葉集では「久木」という名で詠まれています。

飛鳥川に自生するアカメガシワ

見頃の目安	1月	2月	3月	4月	5月	6月	7月

他の木に巻き付いたノダフジ

ノダフジ（野田藤）

　あまりにも有名な花ですが、近くでじっくりと見る機会の少ない花でもあります。小さな豆の花が房になって垂れ下がり、ひとつの房にたくさんの花がつきますが、インゲンマメを大きくしたような果実ができるのはわずかです。

　藤原氏の名前の由来は、フジが他の木にからみついて枯らせてしまうくらい勢いがあることから来たのだとか、フジが高貴な色とされる紫色の花を咲かせるからだとか、飛鳥地域にフジがたくさんあったからだとか。藤原の名の由来は定かではありませんが、フジが強い木であることは確かです。

見頃の目安	1月	2月	3月	4月	5月	6月	7月

山裾に自生するキリ

花のアップ

キリ（桐）

　昔は女の子が生まれると、嫁入り道具のたんすをつくるために桐の木を畑に植えたといいます。20年そこそこで立派な木になるほど成長が早い木で、たんすなどの家具のほか、下駄（げた）や桐箱の材料として重宝（ちょうほう）されていました。

　野生化したキリは山裾（やますそ）、川原などあちらこちらに分布し、初夏に薄紫色の花を咲かせます。500円硬貨のデザインになっていますが、高い枝先に咲くこともあって、その花はあまり注目されていないようです。ほのかに香りがして、マルハナバチなど熊蜂（くまばち）のなかまがよく訪れています。

見頃の目安	1月	2月	3月	4月	5月	6月	7月

独特な形のスイカズラの花

スイカズラ（忍冬・吸い葛）

　里山の林の縁によく見られる、つる植物です。冬でも葉
が枯れないため、忍冬と呼ばれることもあります。

　筒状の花は、先端が4つに裂け、その1枚が下を向き、
残りは上を向くという変わった形をしています。筒の根元に
は甘い蜜があり、それを吸うために「吸い葛」というそうです。

　花は晩春に咲き、たいへんよい香りがします。花の色は
咲き初めは真っ白ですが、日がたつと黄色に変色します。

見頃の目安	1月	2月	3月	4月	5月	6月	7月

マタタビの葉

マタタビの雄花

マタタビ（木天蓼）

　「猫にまたたび」のマタタビです。夏涼しく日当たりのよい、里山の林の縁などに見られるつる植物です。花が咲く初夏になると葉の先に白い蝋のような物質が分泌され、花のありかをアピールしますが、それは緑が濃くなった木々に、まるで大きな白い花が咲いたかのように見えます。

　雌雄異株（別株のこと）で雌株には細長い果実ができます。その断面を見るとキウイフルーツそっくりです。実はキウイフルーツもマタタビと同じなかまで、中国からニュージーランドに渡り、改良されたのが現在のキウイフルーツです。

見頃の目安	1月	2月	3月	4月	5月	6月	7月

林の縁<ruby>(ふち)</ruby>に自生するウツギ

ウツギ（空木）

　卯月<ruby>(うづき)</ruby>（旧暦4月）に咲くため、卯の花<ruby>(う)</ruby>とも呼ばれています。『夏は来ぬ』という唱歌にも登場するこの花は、夏の訪れを知らせる身近な花でした。おからのことを「卯の花」と呼ぶのは、白くモコモコとしたおからのようすが、このウツギの花に似ているからで、多くの人がウツギを知っていたために、たとえて使われたと思われます。

　清少納言の『枕草子』に、ホトトギスの声を聞きに行った帰りにウツギの枝を折って車に飾る話があります。古くから親しまれてきた花であることはまちがいありません。

キトラ古墳周辺の公園に植えられたウツギ

　飛鳥地域でも里山にごく普通に見られる低木でしたが、道路脇の斜面がコンクリート化されたり、河川改修で土手の植物が取り去られたりして、この20年ほどの間にかなり減りました。

　伸びる枝の勢いが強く、樹形が乱れやすいことも庭や垣根から姿を消してしまった理由のひとつでしょう。

　ウツギ（空木）の名は、茎の中が空洞になっていることから、付けられた名前です。

　ウツギの花が散ると本格的な雨のシーズン、梅雨の季節を迎えます。

見頃の目安	1月	2月	3月	4月	5月	6月	7月

あとがき

　私は小中学校の理科の教員としてもう30年以上教壇に立ってきましたが、近年悲しく思うことがあります。それは子どもたちが直接自然と触れ合う機会が少なくなってきたことです。そして野の花どころか、アヤメやユリといった日本古来の花の名すら知らないのが当たり前になってきました。

　昔は、学級にひとりやふたりは「歩く昆虫図鑑」と呼ばれるような生き物に詳しい子どもがいたものですが、最近は童話に出てくるキリギリスを知らなかったり、セミやコオロギなど鳴く虫の声を聞き分けられない子どもが多くなりました。生き物に詳しい子どもが、それこそ「絶滅危惧」になりつつあります。

　それは子どもに限ったことではなく、大人たちも身近にある自然に価値を見い出せなくなり、興味や関心がなくなりつつあるように思われます。それに伴って、生活の支障になるという理由で、それまで大切にされてきた並木や神社の神木さえ伐採されるというニュースをよく耳にします。

　いくら時代が変わろうと私たちはこの自然の仕組みの中から抜け出すことは不可能ですし、生態系が維持できなければ生きていくことはできません。「持続可能な社会」実現のためには、みんなが生態系の基盤である植物や昆虫に目を向け、正しい知識を身につける必要があると考えます。その

ために、私はディスプレイに登場する生き物に熱中する子ど
もたちを、これからも自然の中に連れ出し、本物に触れる機
会を持ち続けたいと思っています。

　本書をお読みいただき、ありがとうございました。本書は、
読者の皆様の飛鳥地域散策の一助となればと、地域に自
生する植物を、私が撮りためた写真とともに紹介しました。
内容はできるだけ正確を期するよう努めつつ、あわせて平易
で理解しやすい表現を心がけましたが、お気づきの点は遠慮
なくご指摘いただきたいと思います。
　最後に、私とともに野山を歩き、学びの機会を与えてく
れた数多くの明日香村の児童・生徒、並びに本書の編集、
出版にご尽力いただいた金壽堂出版社社長の吉村始氏に
深く感謝申し上げます。

2021年11月7日（立冬）

明日香村の里山にて

　城　　律　男

【著者】

城　律　男（じょう　のりお）

　1962年　奈良県吉野郡大淀町に生まれる
　現在　明日香村立明日香小学校・聖徳中学校教諭

※　本書は、奈良県中和土木事務所の飛鳥川「神奈
　　備の郷・川づくり」における地域との協議業務に
　　よってNPO法人ASUKA自然塾が制作しました。

歩き楽しむ飛鳥の植物

発行日　　2021年12月22日
著　者　　城　律男
発行者　　吉　村　始
発行所　　金壽堂出版有限会社
　　　　　〒639-2101　奈良県葛城市疋田379
　　　　　電話／FAX：0745-69-7590
　　　　　メール：info@kinjudo.co.jp
　　　　　ホームページ：https://www.kinjudo.co.jp